★ 给孩子的职业启蒙系列 ★
我想当程序员

[英] 肖恩·麦克马纳斯/著

[英] 罗桑·马加尔/绘

梁 爽/译

U0258649

中信出版集团 · 北京

图书在版编目（CIP）数据

我想当程序员 /（英）肖恩·麦克马纳斯著；（英）
罗桑·马加尔绘；梁爽译 . -- 北京：中信出版社，
2019.3
（给孩子的职业启蒙系列）
书名原文：CODER ACADEMY
ISBN 978-7-5086-9533-4

Ⅰ . ①我… Ⅱ . ①肖… ②罗… ③梁… Ⅲ . ①程序设
计－工程技术人员－儿童读物 Ⅳ . ① TP311.1-49

中国版本图书馆 CIP 数据核字 (2018) 第 222477 号

CODER ACADEMY
First published in the UK in 2017 by Ivy Kids
An imprint of The Quarto Group
Copyright © 2017 Quarto Publishing plc
Chinese simplified translation copyright © 2019 by CITIC Press Corporation
ALL RIGHTS RESERVED
本书仅限中国大陆地区发行销售

我想当程序员
（给孩子的职业启蒙系列）

著　　者：[英] 肖恩·麦克马纳斯
绘　　者：[英] 罗桑·马加尔
译　　者：梁　爽
出版发行：中信出版集团股份有限公司
　　　　　（北京市朝阳区惠新东街甲 4 号富盛大厦 2 座　邮编　100029)
承 印 者：深圳当纳利印刷有限公司

开　　本：889mm×512mm　1/16　　印　　张：4.25　　字　　数：100 千字
版　　次：2019 年 3 月第 1 版　　　　印　　次：2019 年 3 月第 1 次印刷
京权图字：01-2018-1700　　　　　　　广告经营许可证：京朝工商广字第 8087 号
书　　号：ISBN 978-7-5086-9533-4
定　　价：49.80 元

出　　品：中信儿童书店
策　　划：中信出版·知学园
策划编辑：潘　婧　　　　　责任编辑：程　凤　　　　　营销编辑：张　超
封面设计：谢佳静　　　　　内文设计：王　莹

版权所有·侵权必究
如有印刷、装订问题，本公司负责调换。
服务热线：400-600-8099
投稿邮箱：author@citicpub.com

目 录

欢迎加入计算机学院!

逐渐了解代码

计算机艺术设计与动画

音乐

网站

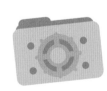

你了解程序员这个职业吗？他们可以编写复杂的程序来控制各类机器人的活动，其中最炫酷的要数无人驾驶汽车了……加入计算机学院并顺利毕业，你也就迈出了成为程序员的第一步。

欢迎加入计算机学院！

能与计算机交流的程序员

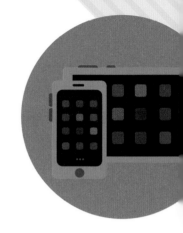

恭喜你，成为计算机学院的一员！在这里，你将学习如何成为一名程序员。

想象一下，如果外星人来访问地球，你想要与这名外星来客进行交流，首先得学会他的语言。与计算机打交道也是同样的道理。给计算机下达指令或者输入信息，你首先要将这些指令或者信息以它们能够理解的形式进行编写，然后计算机才能根据人的指令一步一步去工作。编程就是使用计算机语言编写指令的工作。

无论何时何地，你几乎都在被微型芯片中运行的计算机代码包围着。比如，手机、电子游戏、车载导航仪、火车、供暖系统和工厂等都要用到各种代码。

在计算机学院，你将逐渐学会程序员必须具备的各项技能。这些技能包括：

• 理解各种计算机语言，会使用一些简易编程工具，如Scratch；

• 编写简单的计算机指令；

• 为游戏和计算机程序进行计算机艺术设计；

• 使用HTML（超文本标记语言）创建网页。

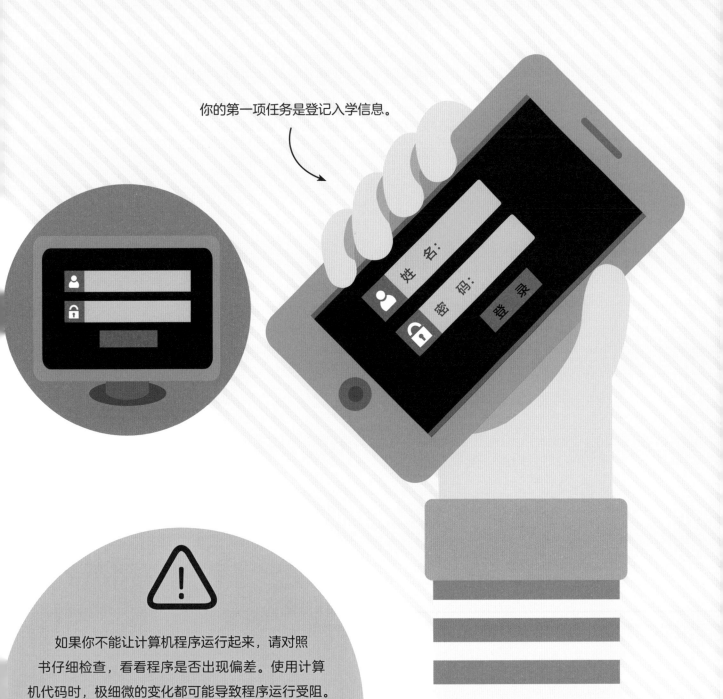

你的第一项任务是登记入学信息。

如果你不能让计算机程序运行起来，请对照书仔细检查，看看程序是否出现偏差。使用计算机代码时，极细微的变化都可能导致程序运行受阻。如果你还是不能让它顺利运行，就去访问作者的网站（www.sean.co.uk/books/coder），下载一个成功的编程范例吧。

跟程序员们 打个招呼吧!

在计算机学院中,你将会接受各种技能培训,学习制作电子游戏、动画、音乐及简单的网页。

你需要完成一系列训练任务,来获取资格证书,以证明你具备各个领域的编程资格。各项考核合格后,你就能从计算机学院顺利毕业了,你也就迈出了成为程序员的第一步——有一天,你也能编写出一份复杂的程序,来控制机器人的活动或者把航天员送入太空。

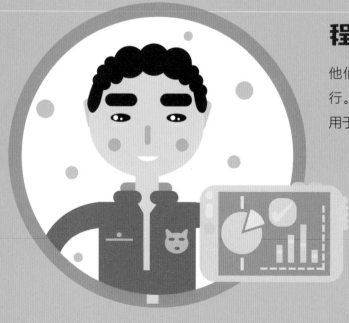

程序员

他们要将指令输入计算机,让计算机按照该指令运行。他们需要头脑清醒,逻辑严密。他们的时间大多用于测试各种计算机程序及确保它们顺利运行。

计算机艺术设计师

他们负责创建计算机软件使用的图片素材，设计游戏角色与动画，有时还会设计图标和按钮。

计算机音乐制作人

他们利用软件制作音乐。他们会为电子游戏、电影配乐，也会制作音乐软件、唱片。

网页设计师

他们使用HTML和CSS语言编写代码，进行网站开发。有时，他们也会与网站内容创造者（为网站写文章的人）进行合作。

代码是什么？

程序员的工作就是告诉计算机应该做什么，而且必须以计算机能够理解的形式来告诉它，那就要用到计算机语言或者代码了。

程序员在编写指令和程序时，哪怕是最简单的任务，也必须清晰准确地陈述出来。例如，在艺术设计程序中，计算机需要识别可供使用的工具和颜色，以及了解更为复杂的任务，因此计算机艺术设计程序必须涵盖全部工作内容。

那些能够响应语音指令的计算机也需要使用代码来理解语音指令的具体含义。

连连看

各种设备都需要使用计算机代码来执行任务，请将下图中四种设备与各种任务画线连接起来。

1. 发送和接收信息  车载导航仪

2. 启动或关闭设备  智能手机

3. 计算  遥控器

4. 规划前行路线 计算器

答案：
1 = 智能手机；
2 = 遥控器；
3 = 计算器；
4 = 车载导航仪。
注：智能手机通过安装各种App（应用程序），也可以用作计算器、遥控器、车载导航仪。

完成任务后，请你对照本页底部的答案检查任务完成情况，然后将任务完成贴纸贴在这里（如右图所示）。

任务完成

7

像程序员一样思考问题

程序员必须头脑清醒、思维严密，才能写出正确的指令和程序。他们还必须能有条不紊地解决每个问题，就像运行中的计算机一样。请你向一个朋友发送简单的指令，来完成一项任务。你能够像程序员一样思考问题吗？

机器人编程挑战

你需要：两支铅笔、两张纸、一个朋友。

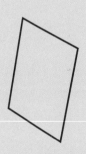

1. 分配角色，即谁来扮演机器人，谁来扮演程序员。每人拿一张纸和一支铅笔，然后背对背坐着，谁也看不到对方的举动。

2. 程序员只能使用直线和圆圈在自己的纸上画图，可以画一个人、一辆车、一栋房子或者任何喜欢的东西。

3. 程序员不能告诉机器人自己画的内容，但是要向机器人发送指令，要求机器人根据以下规则画出同样的图：

• 程序员只能告诉机器人应该画直线还是圆圈；

• 程序员必须告诉机器人线条的长短和圆圈的大小，以及它们在纸上的具体位置。

4. 机器人必须严格遵照指令画图。

完成挑战后，请比较两幅图。它们的相似度有多高呢？
现在交换角色，另画一幅图。你们可以商定一些新的命令方式，让机器人能够更轻松地画出正确的形状。

完成挑战后，请你将任务完成贴纸贴在这里。

粘贴处

任务完成

二进制基础知识

逐渐
了解代码

开

关

如果你想成为一名程序员，就需要明白什么是二进制，这将对你很有帮助。计算机应用二进制来储存和处理信息：词语、图片、音乐和颜色都是利用二进制形式储存的。

二进制数据采用位置计数法，也就是说，你能根据数字中数码的位置知道这个数是多少。在二进制中，前一数位的权值是紧随其后的数位的权值的两倍——二进制就像这样不断变化增大！一个二进制数仅由0和1这两个数码组成，比如：二进制数10000001，对应的十进制数是129；而11100111对应的十进制数是231。

让我们来看一看二进制的运算规则。

二进制中的"0"和"1"就像开关，"0"代表"关"，而"1"代表"开"。请看右边的示例。

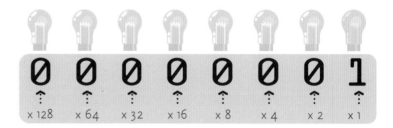

计算机将"×1"的权值"打开"，将其他数位的权值全部"关闭"。将所有"打开"的权值相加，就能算出这个示例表示的十进制数是多少。在这个示例中，"×1"的权值被"打开"，而其他数位的权值则全部"关闭"。因此，0+0+0+0+0+0+0+1=1。请看另一个二进制数字，应用相同的规则来算出它表示的十进制数是多少。

打开"×2"和"×1"的权值，关闭其他数位的权值。

因此，0+0+0+0+0+0+2+1=3

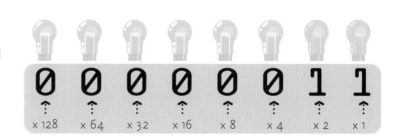

破解二进制代码

运用你在第10页上学会的技能，破译下列二进制数，探寻一些计算的真相吧。

1. 有时二进制也被称为基数<u>00000010</u>。

解码：

2. 阿西莫机器人能够行走，它的体重达到<u>00110000</u>公斤，身高与成年人相当。

解码：

3. 共有<u>00110100</u>台计算机控制着国际空间站的系统。

解码：

4. 1个字节为8位二进制数字（简称比特）。半个字节是<u>00000100</u>比特。

解码：

答案：
1. 2（基数：2）；
2. 48；
3. 52；
4. 4

完成挑战后，请你对照本页底部的答案检查完成情况，然后将任务完成贴纸贴在这里。

粘贴处

任务完成

计算机语言

德语
Hallo!
你好!

法语
Bonjour!
你好!

你都知道哪些语言呢?也许你或者你认识的人会说汉语、法语、德语或西班牙语。

计算机系统有它们自己的语言。这些语言可不是人类使用的语言,而是用计算机语言编写的指令,只有使用这样的语言,计算机才能完全领会并照此执行。

程序员在编写程序或向计算机输入信息之前,必须选择最适当的计算机语言。有些语言适用于多项任务,而有些语言只能专攻一项任务!

下表列出了程序员需要用到的七种计算机语言,可以让你知道它们的用处。

西班牙语
¡Hola
你好!

HTML	用于创建网页
C++	用于制作速度超快的电视游戏或计算机桌面游戏
JAVASCRIPT	保证网站的互动性,使图像可移动,让用户也能在网站上玩游戏。它也用于制作智能手机游戏和计算机游戏
SCRATCH	可用于创建计算机桌面游戏、故事和动画。它是最简单的计算机编程语言之一
SWIFT	苹果公司发明的计算机语言,用于开发苹果手机与平板电脑上的应用软件
JAVA	用于制作能在安卓系统内运行的应用软件,也适用于装有微型计算机的机器,如医疗设备
PYTHON	广泛应用于树莓派卡片式电脑,可用于编写机器人程序,也可用于制作计算机桌面游戏

语言配对游戏

程序员们需要知道哪种程序应该使用哪种计算机语言来编写。请将下列5种计算机语言与对应的程序用线连起来。有些计算机语言可是多面手呢。

计算机语言

HTML

Python

Java

Scratch

Swift

用于制作和编写

计算机桌面游戏

智能手机和平板电脑上的应用软件

机器人程序

网页

心率监测仪程序

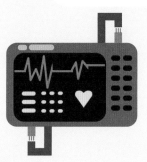

HTML
<h1>Hello!</h1>
你好！

JavaScript
alert("Hello!");
"你好！"

完成挑战后，请你对照本页底部的答案检查完成情况，然后将你的任务完成贴纸贴在这里。

粘贴处

任务完成

答案：
HTML=网页；
Python=机器人程序和计算机桌面游戏；
Java=心率监测仪程序，智能手机和平板电脑上的应用软件；
Scratch=计算机桌面游戏；
Swift=智能手机和平板电脑上的应用软件。

从学习Scratch开始

学习Scratch，是开始程序员训练之旅的最佳方式。

Scratch是一种简单的编程工具，能够教会你关于编程的基础知识。它对公众完全免费开放。应用Scratch，你可以选择命令来编写故事、制作动画，甚至还能设计游戏！

要想使用Scratch，你需要访问scratch.mit.edu，并点击网页顶部的"创建"按钮。如果你注册了账号，网站就能自动保存你制作完成的程序。请一位成年人来帮助你完成这项操作吧。Scratch的最新版本是Scratch 2.0。它较早的版本Scratch 1.4现在仍能下载使用。

在Scratch中，你可以利用积木①来创建简单的游戏和动画，这些积木能够自由组合并形成脚本。看看下一页上的Scratch操作界面，你就能进一步了解积木的运行方式了。

在学习过程中，你需要创建自己的Scratch项目，按照书中的操作顺序建立脚本。在Scratch中找到书中所示的各色积木——如果你需要一块深蓝色的积木，可以点击"运动"积木来寻找它。"运动"积木就是深蓝色的。

---

① 积木：软件中的指令。Scratch为儿童准备的编程环境，不需要任何代码，使用鼠标拖拽积木就可以完成游戏、卡通和动画，就像玩积木一样简单有趣。此处为便于儿童理解，翻译为"积木"。

程序员
信息台

那些可以随意移动的图像被称为角色。你可以在角色列表中找到各种角色，也可以自行创建角色。

下图即Scratch打开后的界面。当你翻到本书第18页，第一次应用Scratch进行设计活动时，你可以重新返回本页查看信息。

按钮

Scratch中的指令被称为"积木"。积木可用于改变角色的大小、移动方式与方向。可以使用以下按钮来选择不同的积木。

Tab键

界面上有3个Tab（标签）键可供相互切换。点击"脚本"键就能选择"积木"。通过"造型"键能够改变角色的外观。使用"声音"键，可以为你的游戏和动画找寻适合的配乐。

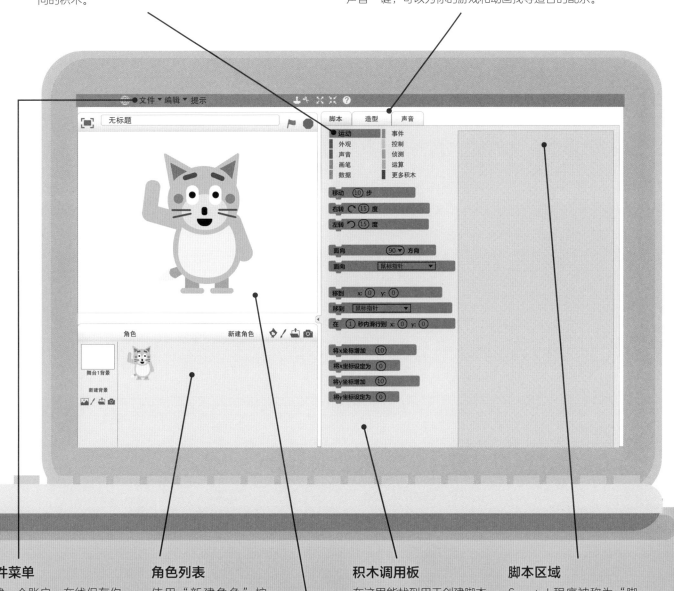

文件菜单

创建一个账户，在线保存你的Scratch项目。也可以将它们下载到个人计算机中。请使用"文件"菜单来保存你的作品。

角色列表

使用"新建角色"按钮，你就可以从各种各样的角色模板中选择自己喜欢的角色，甚至自行设计角色。

舞台

在这里，你能看到你的动画或游戏运行起来。

积木调用板

在这里能找到用于创建脚本的积木。

脚本区域

Scratch程序被称为"脚本"。在积木调用区单击你选择的积木，将其拖拽到脚本区域中放好。

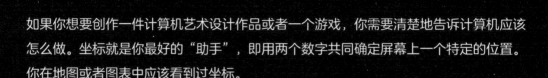

绘图坐标

如果你想要创作一件计算机艺术设计作品或者一个游戏，你需要清楚地告诉计算机应该怎么做。坐标就是你最好的"助手"，即用两个数字共同确定屏幕上一个特定的位置。你在地图或者图表中应该看到过坐标。

x数值用于表示屏幕上从左到右任意点到y轴的垂直距离。最简单的记忆方式是"x轴是横向的"（坐标系的确是十字形的）！y数值用于表示屏幕上从上到下任意点到x轴的垂直距离。

x和y的数值是从屏幕中心，即坐标原点（x值和y值分别为0的点）开始进行测量。坐标原点右边的x数值为正，左边的则为负。原点上边的y数值为正，而下边的则为负。

坐标即一个点分别到y轴和x轴的垂直距离所对应的数值（x, y）。请看右图中标记的位置。图中的点在x轴上对应的数值为150，而在y轴上对应的数值为100，所以这个点的坐标为（150，100）。

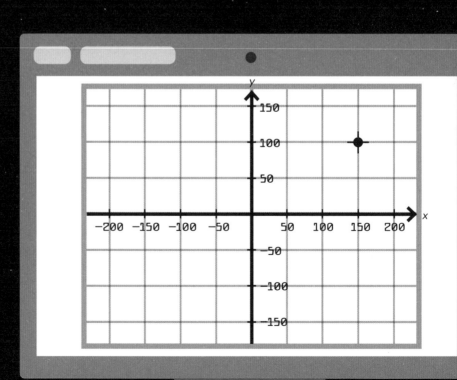

我在哪儿？

找出下列图中各个角色的坐标，刻度参考本书第16页的图。当你在下一页开始应用Scratch设计第一个游戏时，你就需要用到这个技能了。

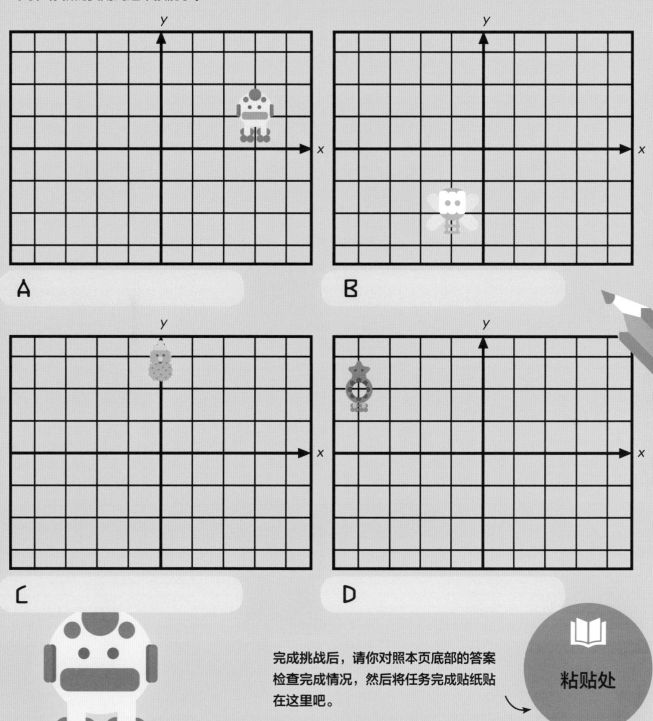

A

B

C

D

完成挑战后，请你对照本页底部的答案检查完成情况，然后将任务完成贴纸贴在这里吧。

粘贴处

任务完成

答案：A = (150, 50)；B = (-50, -100)；C = (0, 150)；D = (-200, 100)

逐渐
了解代码

代码坐标

现在，准备好了吗？你可以使用Scratch了。你需要创建一个脚本，使用一组积木，来制作一段"小猫追逐幽灵"的动画。打开Scratch，进入Scratch界面（参看第15页）。也许看起来有点复杂，可是一旦开始行动，你就会发现这款编程软件还是很容易操作的。小猫是Scratch中的默认角色，所以在角色列表中能找到它。

编写小猫的代码

1. 根据积木的颜色，你就知道在哪里可以找到它们。第一块积木为棕色，所以应点击棕色"事件"积木。"事件"积木会在发生特定事件时打开脚本。在积木调用板中找到"当按下空格键"积木。这个积木会在你按下键盘上的空格键时打开脚本。点击这个积木，把它拖拽到脚本区域中。

2. 第二块积木为紫色，所以请点击紫色"外观"积木。"外观"积木能够控制角色的形态。找到"将角色的大小设定为100"的积木，用它来控制角色的大小。将它拖拽到脚本区域中，放到尽可能靠近棕色积木的位置上，让它们组合起来。点击紫色积木上的白色区域，使用键盘将角色大小从100设定为50。这样，当脚本运行时，角色就能变得小一些。

3. 点击蓝色"运动"积木。"运动"积木能控制角色在舞台上横向移动的方式。在脚本中添加"将x坐标设定为0"和"将y坐标设定为0"积木，确保它们能够组合起来。在蓝色"运动"积木中改变数值，从而改变舞台上角色的坐标。你是否能够确定x和y的位置，把小猫放置到舞台的右上角呢？

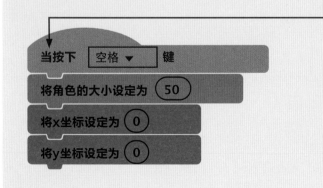

4. 点击舞台，并按下空格键，观看小猫移动到你选择的（x，y）坐标位置上。

编写幽灵的代码

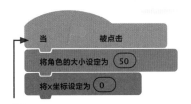

新建角色：

1. 点击角色列表中的"从角色库中选取角色"按钮。找到"奇幻"类别。在角色列表中，选择幽灵（如图）。

2. 单击"事件"积木，将"当绿旗被点击"积木添加到脚本区域中。在"外观"区域中，选择"将角色的大小设定为100"积木，并将它添加到脚本区域中，然后将数值改为50。

3. 单击"运动"积木，选择"将x坐标设定为0"积木。将它添加到脚本区域中。

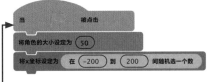

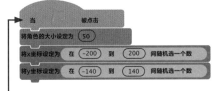

4. 单击"运算"积木。这个区域中的积木能帮助你完成运算，并改变文本片段。选择"在1到10间随机选一个数"积木，将它放在脚本区域中"将x坐标设定为0"积木的上方。

5. "在1到10间随机选一个数"积木就像投掷色子一样，但是它与色子的不同之处在于它远不止6个数字，而是成百上千个数字。将"在1到10间随机选一个数"积木中的数字区间改为-200到200，就能让幽灵的x坐标更具随机性。

6. 以同样的方式，把"将y坐标设定为0"积木与"在1到10间随机选一个数"积木放在一起。将数字区间改为-140到140，就能让幽灵的y坐标更具随机性。

玩游戏吧

现在你可以玩游戏啦！单击舞台上方的绿旗，幽灵就会到处游走了。单击角色列表中的小猫，改变小猫代码的数值。单击舞台并按下空格键，看小猫能抓住幽灵吗？如果不能，你就需要修改它的坐标，再次单击舞台并按下空格键。小猫要经过多少回合才能抓住幽灵呢？

完成挑战后，请你将任务完成贴纸贴在这里。

粘贴处

任务完成

19

循序渐进

有时，你需要让计算机不断重复执行同一个指令。用什么方式才能将指令表述得更清晰准确呢？让我们来找找看。

以下是关于一种舞蹈的两套指令。哪套指令更容易操作呢？
先来试试，再进行判断！

第一套

- 向左踏步
- 向左踏步
- 向左踏步
- 向左踏步
- 向右踏步
- 向右踏步
- 向右踏步
- 向右踏步
- 向后踏步
- 向后踏步
- 向后踏步
- 向后踏步
- 向前踏步
- 向前踏步
- 向前踏步
- 向前踏步

第二套

- 向左踏步四次
- 向右踏步四次
- 向后踏步四次
- 向前踏步四次

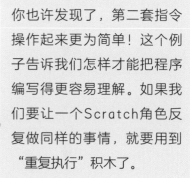

你也许发现了，第二套指令操作起来更为简单！这个例子告诉我们怎样才能把程序编写得更容易理解。如果我们要让一个Scratch角色反复做同样的事情，就要用到"重复执行"积木了。

为章鱼设计舞蹈！

在接下来的两页中，你要为Scratch中的章鱼角色编写跳舞代码。你可以使用下表来设计指令。圈出方向箭头（可随意选择），然后写上章鱼需要迈出的步数。你的章鱼能够前后左右任意移动。在这个程序中，步数要乘以2，所以你还要算出实际的步数。

哪个方向？				步数？	乘以2
▶ 右	▼ 下	◀ 左	▲ 上	4	8
▶ 右	▼ 下	◀ 左	▲ 上		
▶ 右	▼ 下	◀ 左	▲ 上		
▶ 右	▼ 下	◀ 左	▲ 上		
▶ 右	▼ 下	◀ 左	▲ 上		
▶ 右	▼ 下	◀ 左	▲ 上		
▶ 右	▼ 下	◀ 左	▲ 上		
▶ 右	▼ 下	◀ 左	▲ 上		
▶ 右	▼ 下	◀ 左	▲ 上		

完成挑战后，请你将任务完成贴纸贴在这里。

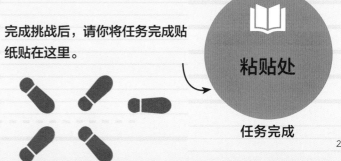

粘贴处

任务完成

让角色跳舞

在上一页，你使用尽可能少的指令设计了一套舞步。在Scratch中，你可以使用"重复执行10次"积木来重复执行指令（在第25页上，你将使用"重复执行"积木来不断地重复执行指令。）

建立你的角色

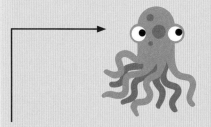

1. 新建一个Scratch项目。单击角色列表中的"从角色库中选取角色"按钮，从"角色库"中添加一个新角色。打开"动物"类别，将章鱼添加进去。

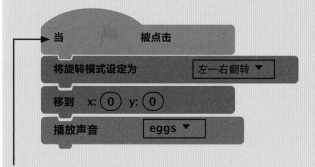

3. 单击"脚本"键，将这个代码添加到你的角色中。

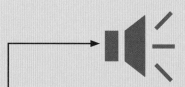

2. 单击"声音"键，再单击小喇叭图标。打开"循环音乐"类别，添加你喜欢的音乐。这个代码中的音乐名称是"eggs"。

4. 在角色列表中找到小猫，单击鼠标右键，选择菜单中的"删除"，将它删除。

你看到角色在移动，其实是在观看这个角色的不同图片（参看第36～第37页）。每张图片是一套造型。这只章鱼有两套造型。为了使它看起来像走了一步，你需要展示它的两套造型，让它每跳一个舞步时转换两次造型。

添加你的舞步

在下列各图中，你会看到需要添加到脚本中的积木，它们可以让章鱼朝各个方向移动。

1. 首先从第21页表格的第一行开始。添加积木，设定舞步方向——右、左、上、下。按照你的意愿设置即可。

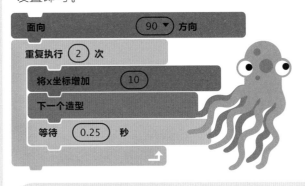

右

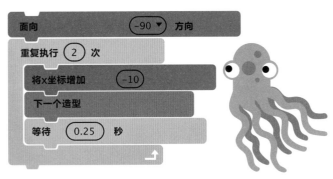

左

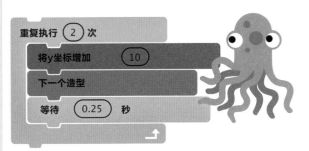

上

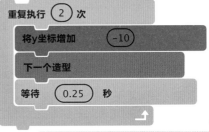

下

2. 将"重复执行"积木中的数字修改成第21页表中第三列中的数字。

3. 进入下一行，添加下一个舞步。在编程的过程中，一定要保证把每个代码都组合起来。你需要不断添加新代码，直到完成编程。

4. 完成编程后，你的脚本就与右边的示例完全一样了。单击绿旗，观看章鱼跳出你设计的舞步吧！

完成挑战后，请你将任务完成贴纸贴在这里。

粘贴处

任务完成

23

变量

列一份购物清单，并标出每件商品的价格。你可以尝试在Scratch中编写一个程序，使用变量来显示购物清单中的商品总价与商品数量。

为购物清单计算器设计变量

计算机会使用变量来记忆信息。变量如同放置信息的小盒子。例如，你可以用"分数"变量来记录某位选手的比赛得分。你也可以在比赛中改变分数。因为数值会发生变化，所以它被称为"变量"。变量可用于记忆词汇或数字。下面将为你展示如何在Scratch中创建变量。

1. 在Scratch中新建一个项目。

2. 单击"数据"积木，然后选择"建立一个变量"。

3. 将这个变量命名为"总额"，然后单击"确定"。新建另一个变量，将它命名为"商品数量"。

4. 将积木调用板中"总额"与"商品数量"复选框取消，就可以把它们隐藏起来。

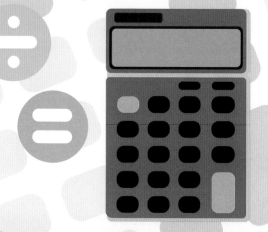

新建一个变量，就会在"数据"区域新增一套积木。使用这些积木中的下拉菜单，选择你需要添加到脚本中的变量——"总额"或"商品数量"，你就可以开始制作购物清单计算器了。

5. 将这个脚本添加到你的小猫角色中。

A 使用下拉菜单选择需要的变量。

B 首先将两个变量都设定为0。

C 将这段文字输入"侦测"积木中的"询问"积木中。

D 使用"将总额设定为0"积木，然后将绿色"+"积木添加在它的上面。将"总额"和"询问"的"回答"积木拖拽到一起，就会把你输入的每个"询问"的回答都添加到"总额"中。

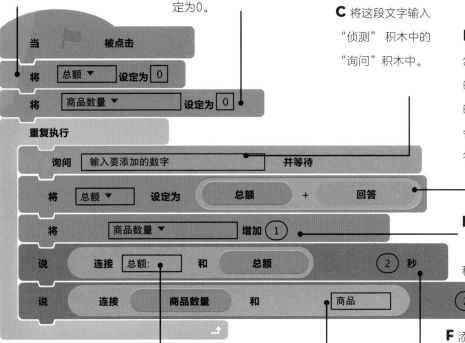

当 ▶ 被点击
将 总额 ▼ 设定为 0
将 商品数量 ▼ 设定为 0
重复执行
　询问 输入要添加的数字 并等待
　将 总额 ▼ 设定为 （ 总额 ＋ 回答 ）
　将 商品数量 ▼ 增加 1
　说 连接 总额: 和 总额 2 秒
　说 连接 商品数量 和 商品 2 秒

E 将"商品数量"增加1。不要混淆"设定"和"增加"积木，否则这个程序就不能有效运行。

F 添加"说Hello！2秒"积木，然后添加"连接"积木和"总额"积木。

G 在第一个"连接"积木上的"总额"后输入一个空格。

H 在"连接"积木上的"商品"前输入一个空格（"连接"积木会把文字和变量放入同一个对话框中。打开这个程序，你就能看到它的运行情况）。

6. 单击绿旗来运行程序。

输入需要相加的数字。

7. 对照你列的购物清单，将每件商品的价格输入舞台上的小猫文字输入框中。程序就会自动计算总额，并记录清单中的商品数量。

完成挑战后，请你将任务完成贴纸贴在这里。

粘贴处

任务完成

25

流程图

逐渐
了解代码

有时，在编写程序之前，程序员会先画出算法流程图。程序员利用流程图来检查程序各个步骤是否正确。让我们来做个游戏，了解流程图的用途吧。

看流程图时，你需要从头开始，并顺着箭头方向逐条阅读。

菱形框是计算机决定运行路径的位置。

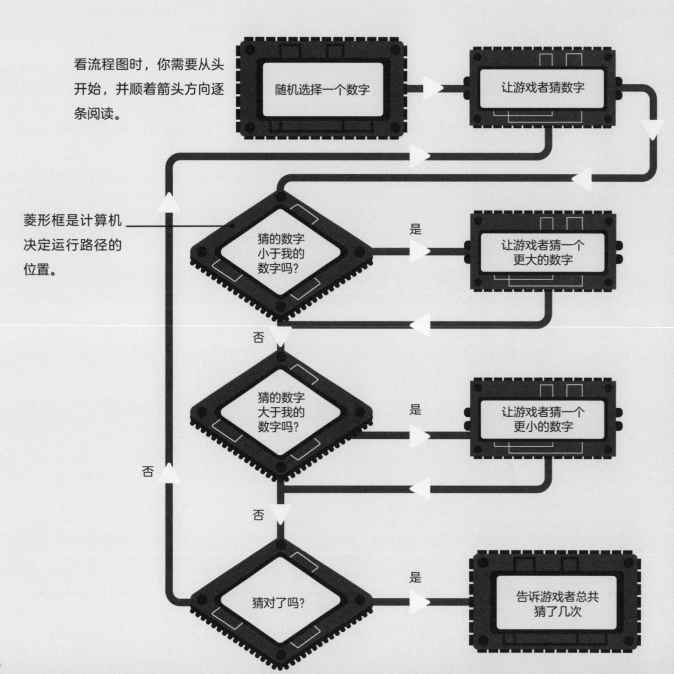

随机选择一个数字

让游戏者猜数字

猜的数字小于我的数字吗？　　是　　让游戏者猜一个更大的数字

否

猜的数字大于我的数字吗？　　是　　让游戏者猜一个更小的数字

否

否

猜对了吗？　　是　　告诉游戏者总共猜了几次

猜测数字

第26页的图是一个游戏程序流程图。在这个游戏中，游戏者需要猜出计算机选择的随机数字。这能行吗？使用色子为计算机选择一个随机数字，也就是游戏者要猜出的数字。然后，从流程图的上方开始，用画笔在图中画出一条路线。每猜一个数字，就换一个颜色的画笔多尝试几次。如果游戏者猜的数字更大、更小或完全正确，路线是否会发生变化呢？

你需要：画笔、色子。

画笔的颜色	为计算机选择的随机数字	游戏者猜的数字	游戏者猜的数字更大、更小还是完全正确？

完成挑战后，请你将任务完成贴纸贴在这里。

粘贴处

任务完成

做出决定

在第26~第27页上,你使用流程图来做出决定。还记得流程图中的这个部分吗?

在Scratch中,你需要使用"如果……那么"积木来完成决定环节。计算机会决定是否执行积木中的命令。如果不执行,这些命令就会被忽略。"如果……那么"积木可以用于执行多种类型的决策任务。

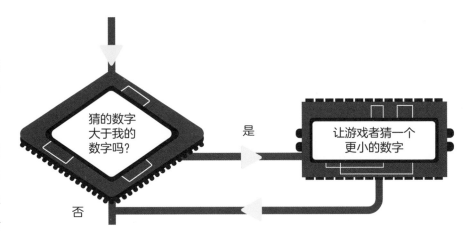

猜的数字大于我的数字吗?

是

让游戏者猜一个更小的数字

否

在这个例子中,游戏者试图猜出计算机选择的随机数字。积木中的六边形框自动检查游戏者的回答是否小于计算机选择的随机数字。

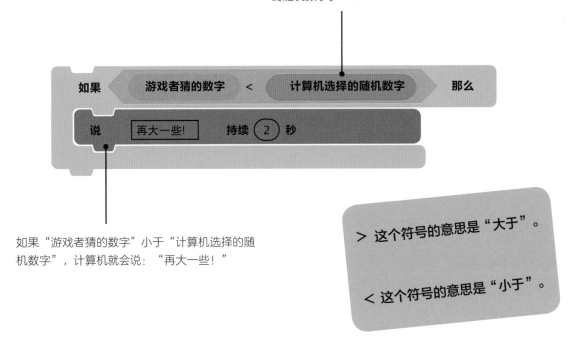

如果　　游戏者猜的数字　<　计算机选择的随机数字　　那么

说　再大一些!　持续 ② 秒

如果"游戏者猜的数字"小于"计算机选择的随机数字",计算机就会说:"再大一些!"

> 这个符号的意思是"大于"。

< 这个符号的意思是"小于"。

大于或小于游戏

"调皮鬼"（计算机）选一个数字（从1到100），而游戏者要用尽量少的次数猜出数字。

1. 在Scratch中新建一个项目。新建"变量"，将它们命名为"游戏者猜的数字"和"计算机选择的随机数字"。将积木调用板中每个"变量"旁的复选框取消，将它们隐藏起来，否则游戏者就会看到答案！

2. 把这个脚本添加到小猫角色中。

A 添加绿色"="积木，然后将"游戏者猜的数字"与"计算机选择的随机数字"积木放在上方。

B 添加"如果……那么"积木，然后添加绿色"<"积木，然后将"游戏者猜的数字"与"计算机选择的随机数字"积木放在上方。

C 如果"游戏者猜的数字"小于"计算机选择的随机数字"，计算机会让你再猜一个更大的数字。

D 如果"游戏者猜的数字"大于"计算机选择的随机数字"，计算机会让你再猜一个更小的数字。

3. 单击绿旗，播放脚本！把你猜的数字输入舞台中的文字框中。小猫将会告诉你下次应该猜更大还是更小的数字，直到你猜对为止。

我想到了什么数字呢？

完成挑战后，请你将任务完成贴纸贴在这里。

粘贴处

任务完成

29

使用广播

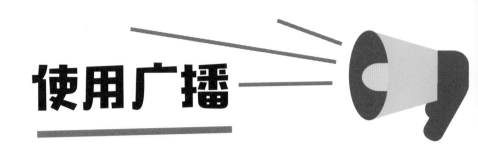

游戏程序员常常需要他们设计的角色协调行动，并在屏幕上同时完成各自的动作。在Scratch中，一个角色可以发送信息，也就是广播，通知其他角色运行自己的脚本。以下为一个程序范本：单击小猫，它就会通知其他角色移动。

1. 在Scratch中新建一个项目。添加两个新角色：一副眼镜和一顶帽子。将它们拖拽到舞台中，然后把它们放到小猫身上。

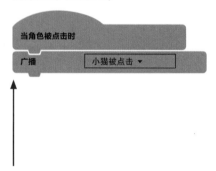

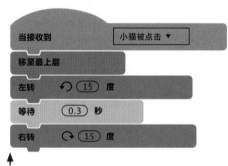

2. 单击角色列表中的小猫，然后添加这个脚本。在"事件"积木中选择"广播"积木，并点击下拉菜单选择"新消息"。将消息修改为"小猫被点击"。

3. 单击角色列表中的帽子角色，添加这个脚本。

4. 单击角色列表中的眼镜角色，添加这个脚本。

5. 单击舞台中的小猫。它会把"小猫被点击"这条信息发送给其他角色（帽子和眼镜）。其他角色接收到信息后就会动起来——帽子会跳起来，眼镜会歪斜！

粘贴处

任务完成

完成挑战后，请你将任务完成贴纸贴在这里。

合格的 程序员

姓　　名：＿＿＿＿＿＿＿＿＿＿＿＿＿＿＿＿＿＿＿＿＿＿

此程序员能够在Scratch中创建游戏和其他程序，
已经成为一名合格的

程序员。

计算机学院预祝你在编程领域
取得更优异的成绩。

颁证日期：＿＿＿＿＿＿＿＿＿＿＿＿＿＿＿＿＿＿＿＿＿＿

</>

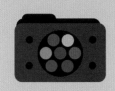

计算机艺术设计与动画

设计角色

动画设计师们创造了各种各样的游戏角色。他们不仅要具备扎实的绘图功底，还需要缜密地思考自己设计的角色。游戏角色只有具备游戏者们喜爱的特征，才能激发他们参与游戏的兴趣。

选出你喜欢的3个角色，他们可以是图书、电影或游戏中的角色。在下面的方框内，写出你选择他们的理由。是不是因为他们非常有趣、勇敢或可怕呢？还是……

我喜欢的角色	我喜欢他们的理由是

自创角色游戏

在下面的空白处，使用本书所附贴纸设计一个角色。用正方形、长方形和圆形来勾画出角色的基本轮廓，然后使用彩笔细致描绘角色外观并涂上颜色。如果贴纸用完了，你可以自己画几个正方形、长方形或圆形。

完成挑战后，请你将任务完成贴纸贴在这里。

粘贴处

任务完成

计算机艺术
设计与动画

新建角色

你需要把你在第33页上设计的角色搬到Scratch的舞台上。设计各种各样的角色，并让它们动起来，你会感到乐趣多多！新建角色的第一步是点击角色列表上方的画笔。以下就是画图编辑器打开后的界面。

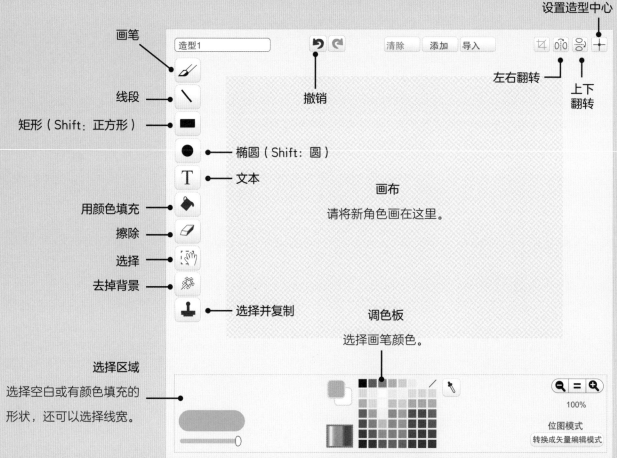

设置造型中心

画笔

造型1

撤销

清除　添加　导入

左右翻转

上下翻转

线段

矩形（Shift：正方形）

椭圆（Shift：圆）

文本

画布

请将新角色画在这里。

用颜色填充

擦除

选择

去掉背景

选择并复制

调色板

选择画笔颜色。

选择区域

选择空白或有颜色填充的形状，还可以选择线宽。

100%

位图模式

转换成矢量编辑模式

使用画图编辑器

在编辑器中，线段、圆、正方形和长方形的画图方式都是一样的：根据要画的图形选择适当的画图工具，点击画布，摁住鼠标左键，并拖拽光标。画出想要的形状后，你就可以松开鼠标左键了。

你可以点击已经画好的形状，随意移动它的位置。图形上方有一个小圆圈图标——旋转控制：单击这个图标，摁住鼠标左键，移动鼠标，可让图形旋转或翻转。

使用画笔或擦除工具时，单击画布任意位置，摁住鼠标左键，然后移动鼠标。

使用颜色填充工具，给你的图形涂色。如果操作失误，你可以点击撤销按钮。

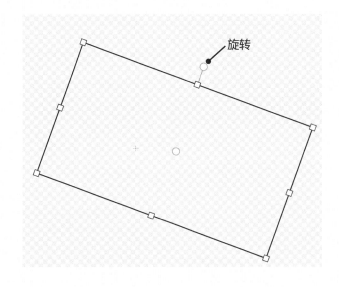

你需要把你在第33页设计的角色在Scratch中重新设计一遍。使用圆、长方形和正方形来绘制角色的轮廓。如果你把贴纸重叠放置，那么请先画出背面轮廓。使用画笔工具来绘制要添加到贴纸设计中的任何细节。完成绘制后，请单击"设置造型中心"按钮，然后点击新建角色的中心位置。这就能确保你的新建角色正好位于游戏的中心位置了。

完成挑战后，请你将任务完成贴纸贴在这里。

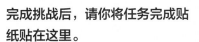

粘贴处

任务完成

制作角色动画

设计师会把角色制作成动画，让它们在屏幕上移动或变换表情。动画其实是由一组静态画面组成的，它们快速闪现在你的眼前，"欺骗"你的眼睛，也让你相信看到了动态情景。看看下面的折纸拼接动画，了解一下动画的原理吧。

你需要：A5纸、毡尖笔、长铅笔。

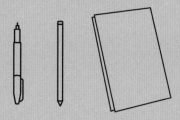

1. 将A5纸上下对折，然后展开。使用毡尖笔，在下半页上画出图像（图像仅由圆形、长方形和正方形这三种简单形状构成）。图像不能太靠近折痕！

2. 将A5纸沿着折痕再次对折，将图像完全遮住。用力压住纸张，让图像透过上面的纸张仍可见，沿着图像的轮廓描图，描出的新图像要有一些微小的变化。

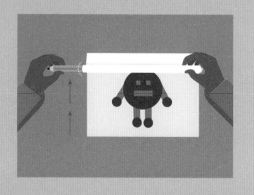

3. 将长铅笔放置在纸张的边缘，将上半页卷起来。

4. 将铅笔快速推上推下，你就能看到图像动起来了！

制作你的动态角色

利用你的折纸拼接动画设计，在Scratch中创建动态角色吧。

1. 点击角色列表中的画笔（"绘制新角色"）按钮，绘制一个新的角色。

2. 使用画图编辑器，重新绘制第36页上折纸拼接动画的第一幅图像。

4. 单击角色造型的复件，在画图编辑器中进行编辑，对复件进行一些细小的改变，让它与折纸拼接动画中的第二幅图像基本一致。使用擦除工具擦除角色中你需要改变的部分。

5. 翻到第38页，将你的动态角色编写到游戏中。

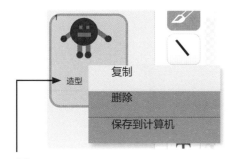

3. 单击"造型"键。将光标移动到已经制作完毕的角色图片上，点击鼠标右键，在下拉菜单中选择复制——这样就能复制角色造型。

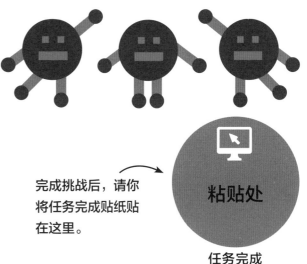

完成挑战后，请你将任务完成贴纸贴在这里。

粘贴处

任务完成

**计算机艺术
设计与动画**

编写角色代码

现在你已经设计并新建了角色，请将它编写到游戏中，让它成为游戏的主角。这个游戏的目的是移动光标来躲避高空坠物。

1. 将光标指向角色列表中的小猫，点击鼠标右键，选择删除。

2. 单击"数据"积木，新建名为"分数"的变量。

3. 将这个代码加入角色中，并把该角色拖拽到舞台底部。

▲ 如果角色尺寸过大，请在此输入一个较小的数字。

B 添加"如果……那么"积木，然后在这块积木上面添加"按键'空格'是否按下？"积木。在下拉菜单中选择"左移键"。

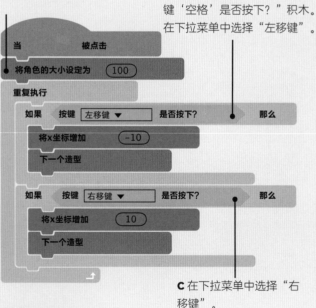

C 在下拉菜单中选择"右移键"。

4. 新建另一个角色，并将这个代码添加到该角色中。选择该角色，点击鼠标右键，选择复制，形成该角色的复件和代码。

▲ 使用"移到x：0 y：0"积木，然后在这个积木上方添加"在1到10间随机选一个数"积木。将数字区间改为−200到200。

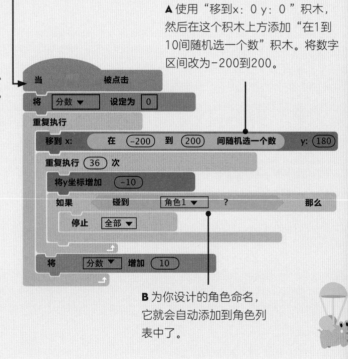

B 为你设计的角色命名，它就会自动添加到角色列表中了。

5. 单击绿旗，播放角色。这两个角色会从天而降。使用键盘上的左右键来躲避它们。如果你被击中，游戏就会结束。关注你的得分，看哪个朋友的得分最高。

粘贴处

完成挑战后，请你将任务完成贴纸贴在这里。

任务完成

合格的
计算机艺术设计师

姓　名：

＿＿＿＿＿＿＿＿＿＿＿＿＿＿

此程序员能够在Scratch中创建游戏和其他程序，

已经成为一名合格的

计算机艺术设计师。

计算机学院预祝你在编程领域

取得更优异的成绩。

颁证日期：

＿＿＿＿＿＿＿＿＿＿＿＿＿＿

设计曲调

音乐包含各种节奏韵律，如高低起伏的旋律、循环往复的音符及整齐划一的鼓点。

如果你会编写节奏，就请你为自己的音乐编写代码吧。首先画出你需要使用的音符样板。在第41页上有两个网格。第一个网格专为"高音符"设计，第二个网格则专为"低音符"设计。

请看下面的曲调。你将用网格左边的数字完成第42页的Scratch编程活动，但是现在不用管它。

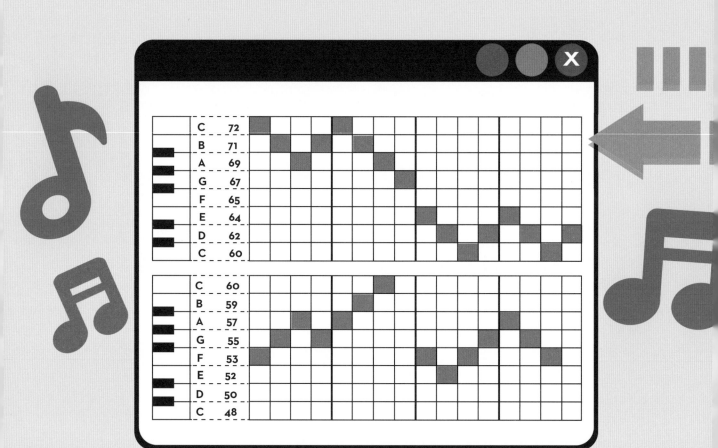

你可以使用下列两个网格来设计自己的曲调。首先从第一个网格开始。请按照从左到右的顺序来完成网格，每一列填充一个方格。方格位置越高，音调就越高。如果你愿意，也可以跳过一列不填。第一个网格完成后，第二个网格如法炮制。

音符的名称都放在每个网格的左边。如果你想要用乐器弹奏音乐，就能用到；如果不弹奏，就可以忽略它们。

C	72
B	71
A	69
G	67
F	65
E	64
D	62
C	60

C	60
B	59
A	57
G	55
F	53
E	52
D	50
C	48

在下一页中，你将要学习如何把自创曲调放入Scratch中。

完成挑战后，请你将任务完成贴纸贴在这里。

粘贴处

任务完成

41

编写曲调代码

你需要把第41页上的自创音符模式编写成曲调代码。在第40页上网格的左边，每个音符都配上了一组数字。在Scratch中把这些数字分别放入两个列表中，制作短小的程序，来交替播放每一个音符。

将你的曲调输入Scratch

1. 新建一个项目。点击"数据"积木。单击"建立一个列表"按钮，为所有"高音符"角色创建一个列表。

2. 在舞台上找到"高音符"列表。单击最下方的"+"按钮，就能在列表中创建一个文本框。

3. 在第41页第一个网格的第一列，检查你填写的第一个方格，找到对应的数字。

4. 将这个数字输入舞台上"高音符"列表的文本框中，然后按回车键。如果你在这一列中什么都没有填写，请输入"0"。

5. 在第41页第一个网格的第二列，找到你填写的第二个方格，将对应的数字填入"高音符"列表中的第二个文本框中。不断重复这个操作，直到你把第一个方格中所有的数字都输入"高音符"列表中。

6. 单击"建立一个列表"按钮，为所有"低音符"角色创建一个列表。

7. 单击舞台上的"低音符"列表，摁住鼠标左键，移动列表，使它与下图基本一致。

8. 重复步骤2～5，但是这次请用第41页第二个网格中的音符，并将数据输入"低音符"列表中。

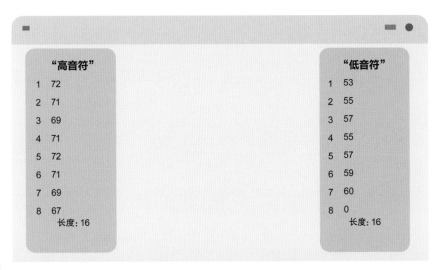

"高音符"	
1	72
2	71
3	69
4	71
5	72
6	71
7	69
8	67
	长度: 16

"低音符"	
1	53
2	55
3	57
4	55
5	57
6	59
7	60
8	0
	长度: 16

在Scratch中编写曲调代码

既然你已经把曲调数据输入Scratch了，就需要添加程序来播放音乐。请按照以下步骤进行。

1. 单击"数据"积木并使用"建立一个变量"按钮来创建3个变量："节拍"、"音符1"和"音符2"。

2. 将下列脚本添加到小猫角色中。这些脚本不需要通过点击鼠标相互添加——它们出现时添加即可。

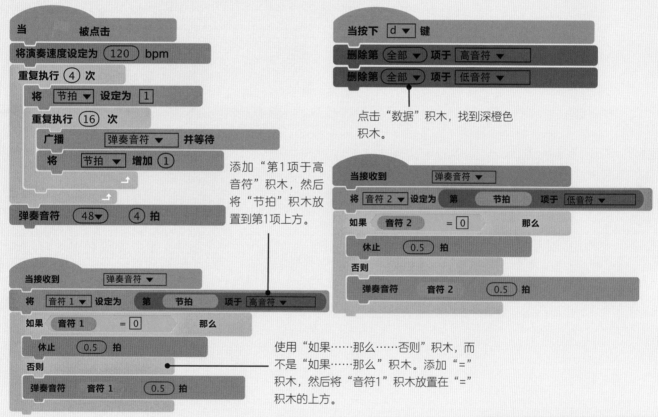

点击"数据"积木，找到深橙色积木。

添加"第1项于高音符"积木，然后将"节拍"积木放置到第1项上方。

使用"如果……那么……否则"积木，而不是"如果……那么"积木。添加"="积木，然后将"音符1"积木放置在"="积木的上方。

3. 点击绿旗，播放曲调。

4. 如果曲调中出现了你不喜欢的音符，你可以在舞台上的列表中点击它，将它更换掉。

5. 使用其他数字，创建全新的曲调！按下键盘上的删除键，可删除列表中的数字。

完成挑战后，请你将任务完成贴纸贴在这里。

粘贴处

任务完成

音乐

设计乐器

你可以使用Scratch来自创乐器。音乐制作人常常使用日常生活中的声音，还有歌声或击掌声等声音来创作电子音乐。想一想你可以录制的、可供乐器演奏的声音有哪些，并记录在下面的空白处。

声音列表

自创乐器

你将要发明一种全新的乐器：它可以是弦乐器（如吉他），也可以是键盘类乐器。也许它可以集合各种乐器的特点——或者完全不同于任何传统乐器！在你的乐器上设置5个按钮或小柄，让它们发出不同的声音。将乐器画在下面的空白处，然后按照本页底部的说明，在Scratch中设计你的乐器。

在Scratch中画出你的乐器

1. 新建一个Scratch项目。

2. 单击角色列表左边"新建背景"中的画笔，绘制新背景。

3. 画出乐器的主要结构，但是先不画按钮。

4. 单击角色列表上方"新建角色"中的画笔，绘制一个新角色。画一个按钮，它看似一根弦，或者其他的形状，但是我们将它称作"按钮"。将它拖拽到舞台中合适的位置上。

5. 逐一画出另外四个按钮。翻到第46页，为每个按钮录制声音。

完成挑战后，请你将任务完成贴纸贴在这里。

粘贴处

任务完成

45

音乐

编写乐器代码

声音设计师为应用软件和网站编写声音代码。请你为在第45页设计的乐器录制声音，并编写声音代码。

录制声音

1. 点击在第45页的角色列表中设计的某个按钮。单击积木调用板中的"声音"键。

2. 点击"录制新声音"按钮，准备制作声音！

3. 点击录音按钮，开始录音，需要马上制作声音；按下停止按钮，停止录音。单击播放按钮，播放你制作的声音。如果你不喜欢这个声音，可以从第二步开始再来一遍。

当角色被点击时

播放声音　　　录音1 ▼

4. 将这个声音代码添加到你的角色中。"播放声音"积木应该保存着前一个录音文件，但是你可以在必要时重新为这个录音文件命名。

5. 尝试点击你设置的按钮，测试它的运行情况。现在为其余几个按钮添加声音。

你也可以使用Scratch自带的声音。如果你要给角色添加声音，只需要单击小喇叭图标。

完成挑战后，请你将任务完成贴纸贴在这里。

粘贴处

任务完成

合格的
计算机音乐制作人

姓　名：_____

此程序员能够使用声音创建程序，并编写游戏配乐，
已经成为一名合格的

计算机音乐制作人。

计算机学院预祝你在编程领域
取得更优异的成绩。

颁证日期：_____

网站

HTML是什么？

实习网页开发人员需要学会一门名为HTML的计算机语言，从而自如地创建各种网页。HTML利用被称为"标签"的代码，将网页中各部分的具体要求告诉计算机。

如何发现标签

标签通常都在尖括号中。

> <h1>这是我的网页的名称！</h1>

在这个标题前后都出现了标签。结束标签前都会出现"/"，计算机据此可以知道这是一个结束标签。

<h1>恐龙知识介绍 </h1>

<p>恐龙出现于2.3亿年以前，于6600万年前灭绝。</p>

<p>这是真的吗？因为科学家们发现，今天的鸟类是从恐龙进化来的。</p>

<p> 我最喜欢的三种恐龙是：</p>

<ol>

<li> 剑龙 </li>

<li> 霸王龙 </li>

<li> 梁龙 </li>

</ol>

<h2> 恐龙图片 </h2>

<p>这是我喜欢的恐龙图片。</p>

<img src = "stegosaurus. jpg">

<img src = "rex. jpg">

词库

大标题

列表条目

图片

小标题

段落

排序列表

HTML侦探员

学习下图中的HTML标签，你能猜出每个标签发出的指令是什么吗？请将正确的标签添加到下图的方框中。然后请你参考词库，在虚线上写下每个标签发出的指令。一些指令和标签已经为你写好了。有些指令会多次使用。

A [ ] **恐龙知识介绍**   [ ] ....大标题....

B `<p>` 恐龙出现于2.3亿年以前，于6600万年前灭绝。 [ ] ....

C [ ] 这是真的吗？因为科学家们发现，今天的鸟类从恐龙进化来的。 [ ] ....

D [ ] 我最喜欢的三种恐龙是： [ ] ....

E [ ] ....排序列表....

F [ ] 1. 剑龙   [ ] ....

G [ ] 2. 霸王龙   `</li>` ....

H [ ] 3. 梁龙   [ ] ....

I [ ] ....

J [ ] **恐龙图片**   [ ] ....

K [ ] 这是我喜欢的恐龙图片： [ ] ....

L `<img>` ....

M [ ] .... 图片

完成挑战后，请你对照本页底部的答案检查任务完成情况，然后将你的任务完成贴纸贴在这里。

粘贴处

任务完成

答案（从顶部）：
A=`<h1>`,`</h1>`，大标题
B=`<p>`,`</p>`，段落
C=`<p>`,`</p>`，段落
D=`<p>`,`</p>`，段落
E=`<ol>`，排序列表
F=`<li>`,`</li>`，列表项目
G=`<li>`,`</li>`，列表项目
H=`<li>`,`</li>`，列表项目
I=`</ol>`，排序列表
J=`<h2>`,`</h2>`，小标题
K=`<p>`,`</p>`，段落
L=`<img>`，图片
M=`<img>`，图片

49

网站

设计网页

网站内容编写人员为网站规划并创作材料。他们要思考这个网站的目标人群，并思考应该如何设计网站内容，才能让网站脱颖而出，吸引更多的访问者。

填写下面的空白栏，并设计一张记录你个人爱好信息的网页：尽量做到界面友好并妙趣横生！我们也会用到HTML标签，但是你现在可以不用管它。

<h1> 关于 _____ </h1>

<p> 你好！我叫 _____ </p>

<p>我创建这个网页是为了展示我的爱好。我的爱好是 _____ </p>

在这里写出你的爱好：

<p>

</p>

切记：不要在你的网页上泄露隐私，比如电话号码、家庭住址或真实姓名。

\<p\> 我要告诉你关于我的3件事情，一定会让你大吃一惊。\</p\>

\<ol\>

\<li\>_____\</li\>

\<li\>_____\</li\>

\<li\>_____\</li\>

\</ol\>

你的计算机中有没有可以展示你兴趣爱好的现成照片，或者你已经制作好的图片？你可以把它贴在你的网页上。只需把文件号写到下列方框中就完成了。

\<p\> 这是我制作的照片。\</p\>

\<p\>\<img src = "_____" width = "500"\> \</p\>

完成挑战后，请你将任务完成贴纸贴在这里。

粘贴处

任务完成

网站

创建网页

在上一页中，你已经设计了网页内容。现在你需要把内容编码写入计算机，完成你创建个人网页的工作，这也是培训程序员的内容之一。

你需要使用文本编辑器，把文件保存为文本文档。不同计算机操作系统中的文本编辑器可能存在差异。以下是几个例子。

• 在Windows操作系统中，使用记事本程序，将文件保存为文本文档。

• 在Mac操作系统中，从应用程序中找到文本编辑器，点击格式选择，制作纯文本。

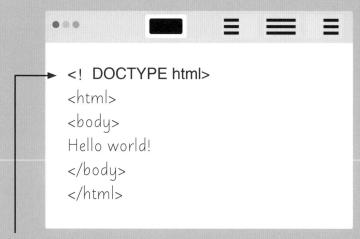

```
<! DOCTYPE html>
<html>
<body>
Hello world!
</body>
</html>
```

1. 将这个代码输入文本编辑器。这个代码会告诉网页浏览器（用于登录网站、浏览网页的程序）这份文件中使用了HTML。<body>（<主体>）标签用于表示主页面的开头和结尾。

2. 将文件保存在计算机桌面上，文件名为mypage.html。不要在文件名上加上".txt"或者其他后缀。双击文件，在浏览器中打开它。你就能在浏览器的界面上看到"Hello world!"（你好！世界！）这几个字了。

3. 在文本编辑器中删除"Hello world!"，前往第50～第51页，翻看你的网页设计。把网页设计中的所有内容，包括标签和内容，都输入编辑器中。确认所有内容都在<body>和</body>标签之间。

4. 如果你要使用图片，需要将它与你写好的mypage.html文件保存在同一个文件夹中。

5. 在桌面上保存mypage.html文件，双击打开，你就能看到你制作的网页了。它显示的是你的个人信息，太酷了！试试制作其他的网页吧。要不要试着做一个网页给你的朋友看看呢？

如果你不愿意打这么多字，或者始终都没能做出网页，可以访问www.sean.co.uk/books/coder下载现成的文件，然后将信息填入空格中。

如果你编写的代码不能运行，请仔细检查那些麻烦的尖括号！如果你需要修正错误，请切记保存好网页，并重新将它加载到浏览器中。

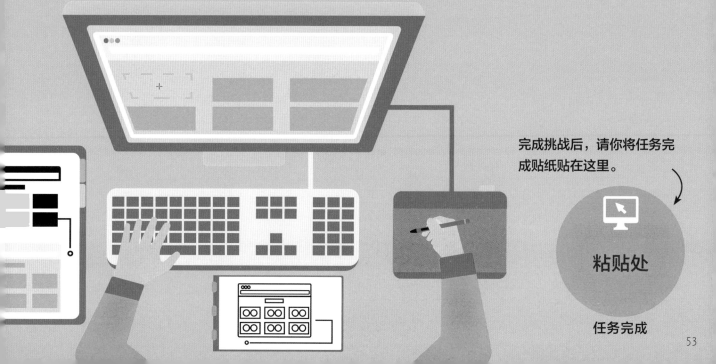

完成挑战后，请你将任务完成贴纸贴在这里。

粘贴处

任务完成

颜色代码

网页设计师制作出网页后，还需要对网页加以修饰，以让访问者感到赏心悦目。最简单的方式就是添加颜色。

HTML使用十六进制数字来表示颜色。除了我们惯常使用的数字，它还会使用字母表中的头6个字母。下面的表格将教你十进制中的0～15在十六进制中是如何表示的。

十进制	0	1	2	3	4	5	6	7	8	9	10	11	12	13	14	15
十六进制	0	1	2	3	4	5	6	7	8	9	A	B	C	D	E	F

在十六进制中，A代表10，B代表11，以此类推。十六进制允许计算机以最少的数字符号处理大型数据。例如，在十进制中，15由两个数字符号构成，但是在十六进制中，15就只由一个字母F代表。

右边的表格列出了计算机表示不同颜色的十六进制数字，即颜色代码。通过组合这些数字，你就能设置出深浅不一的各种颜色——有点像调色。

颜色代码	色彩
#FF0000	亮红色
#00FF00	亮绿色
#FFFF00	黄色
#0000FF	亮蓝色
#CC00EE	紫色
#00FFFF	蓝绿色
#FFFFFF	白色
#000000	黑色

十六进制颜色代码

请你对照左页上的表格，仔细检查下列图片中的所有数字，找出十六进制数字及对应的颜色。然后，用彩色毡尖笔或铅笔为下列图片涂色。

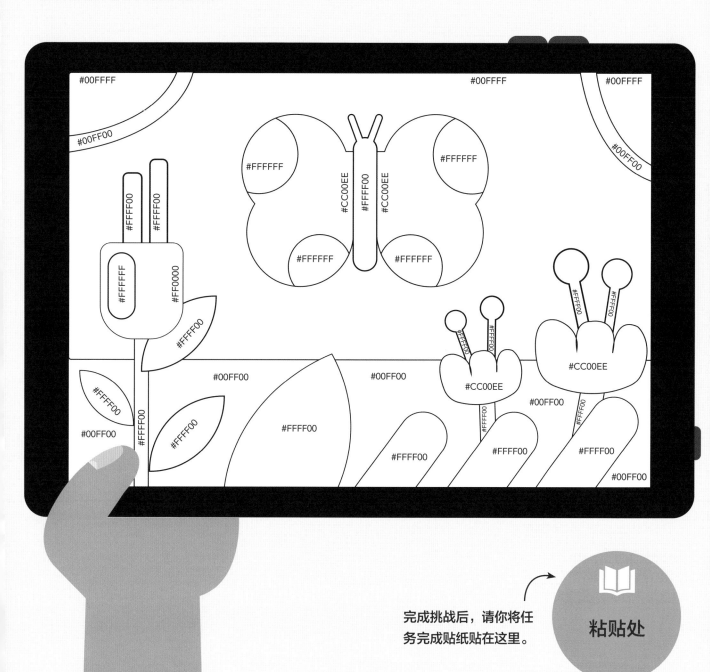

完成挑战后，请你将任务完成贴纸贴在这里。

粘贴处

任务完成

修饰网页

你将为你的网页添加一些色彩。首先修改标题。在代码中找到<h1>标签，然后将代码添加进去。

```
<h1 style="color:#00FF00; background:#000000;">All about coding</h1>
```

这个代码的意思是：

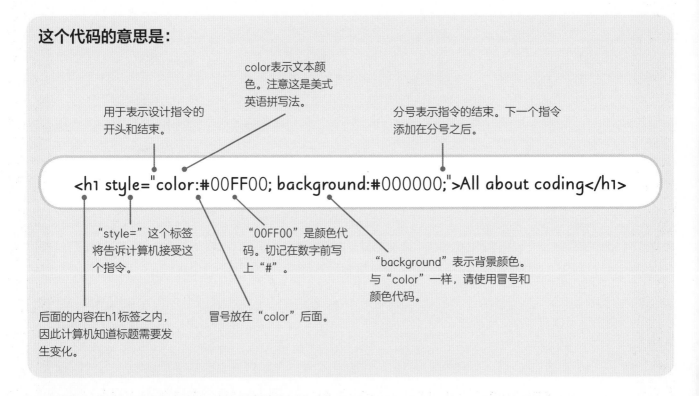

保存你的文件，在浏览器中打开它，就能看到它的变化了。

All about coding（关于编程的一切奥秘）

切记：只有在你的浏览器中再次加载网页，才能查看它的变化。

使用第54页中的颜色代码进行试验，或者使用自己设定的颜色代码。它们应该为6位数码，但是你可以任意组合0到9的数字及A到F的字母。

你可以在标题或任何段落中添加边框。例如，在第一段中添加边框，添加了边框样式，你就为计算机提供了三条信息：

边框颜色

`<p style="border:5px #CC99CC dashed;"> Hello! I am a coder.</p>`

边框大小（以像素为单位）　　　　线条类型

它看起来就像：

All about coding（关于编程的一切奥秘）

Hello! I am a coder.（你好！我是程序员！）

在这个段落或其他段落中，你可以尝试使用不同的线条颜色或线条样式来设计边框。你可以尝试直线式边框、点线式边框、破折线式边框、双线式边框、槽线式边框、脊线式边框、内嵌效果的边框、突起效果的边框等。如果你改变了网页设计，一定要在浏览器中重新打开它，这样才能看到修改后的页面。

粘贴处

完成挑战后，请你将任务完成贴纸贴在这里。

任务完成

合格的
网页设计师

姓　名：_____

此程序员能够创建代码和进行网页设计了，

已经成为一名合格的

网页设计师。

计算机学院预视你在编程领域

取得更优异的成绩。

颁证日期：_____

太棒了！

你已经圆满地完成了所有任务，
为你的程序员培训画上了圆满的句号。
现在你就要从计算机学院毕业了。

**在你的毕业典礼上，请你朗读程序员职业准则，
并承诺将毕生依照该准则从事相关工作。
完成这个仪式后，你就能获得毕业证书了。**

1. 作为一名程序员，我知道人们依赖我制作的程序。我将测试这些程序，确保它们能够正常运行，并且随时修改人们发现的程序错误。

2. 为了成为优秀的程序员，我需要不断提升自己的技能。我将继续学习编程知识，继续编写新的程序。

3. 我会学习其他人编写的代码，努力从中找到运行的原理。我也会让其他人分析我的代码，相互学习，共同进步。

4. 不论是制作自己的程序，还是参照书中程序输入内容，我都会不断地尝试新方法，努力改进自己的程序。

5. 在使用互联网时，我会注意安全问题。我确保自己绝不泄露任何个人隐私。如果发现任何不利于我的情况，我也会寻求帮助。

在这里画上你的头像，
或者贴上你的大头照。

签 名：

程序员的百宝箱

在这里，你可以找到许多有趣的东西。

- 编码配对游戏。

- "机器人编程挑战"游戏规则。

- 任务完成贴纸。

- 编码配对卡。

- "编程领域"海报。

- "机器人编程挑战"游戏棋盘。

编码配对游戏

1. 将卡片顺序打乱，正面朝下放置在平面上。

2. 选择两张卡片，依次翻开。如果它们能够配对，就留在手里，让下一个游戏者继续。如果不能，将卡片放回，然后让下一个游戏者继续。

3. 收集到最多配对卡片的游戏者即为优胜者！

"机器人编程挑战"游戏规则

海报的背面是游戏棋盘。取出色子，折叠并粘贴起来，然后取出靶子，按照说明来组装机器人。

1. 将游戏棋盘平放在桌面上，迷宫面朝上。每个游戏者选择一个机器人，并决定谁先走第一步。

2. 第一个游戏者投掷色子，移动自己的机器人到对应的行数上。

3. 第一个游戏者再次投掷色子，移动自己的机器人，前往对应的列数。

4. 第一个游戏者再投掷两次色子，并把靶子放到迷宫中对应的位置上。

5. 第一个游戏者写下一个指令列表，以引导机器人向靶子前进。只能使用以下指令：向前行进一个方格、向左转及向右转。

6. 第一个游戏者使用写出的指令，引导机器人向靶子前进。如果命令是错误的，或者机器人碰上了墙壁，机器人就只能停滞不前了。

7. 现在该轮到第二个游戏者像第一个游戏者一样来完成第2~第6步了。谁的机器人最接近靶子，谁就赢得了胜利！